欧式风格
European Style

2015客厅
LIVING ROOM

华浔品味装饰　编著

华浔品味装饰
HUAXUN TASTE DECORATION

U0286951

海峡出版发行集团
THE STRAITS PUBLISHING & DISTRIBUTING GROUP
福建科学技术出版社
FUJIAN SCIENCE & TECHNOLOGY PUBLISHING HOUSE

编委成员（排名不分先后）：

刘晓萍　刘明富　汪大锋　虞旭东　吴文华　覃　华　邱欣林
吴旭东　邹广明　何志潮　卓谨仲　周　游　聂　雨　赵　桦
尚昭俊　丘　麒　吴晓东　齐海梅

图书在版编目（CIP）数据

欧式风格 / 华浔品味装饰编著 . —福州：福建科学
技术出版社，2015.1
（2015 客厅）
ISBN 978-7-5335-4683-0

Ⅰ . ①欧… Ⅱ . ①华… Ⅲ . ①客厅 – 室内装饰设计 –
图集 Ⅳ . ① TU241–64

中国版本图书馆 CIP 数据核字（2014）第 272203 号

书　　名　2015 客厅　欧式风格
编　　著　华浔品味装饰
出版发行　海峡出版发行集团
　　　　　福建科学技术出版社
社　　址　福州市东水路 76 号（邮编 350001）
网　　址　www.fjstp.com
经　　销　福建新华发行（集团）有限责任公司
印　　刷　福州德安彩色印刷有限公司
开　　本　889 毫米 ×1194 毫米　1/16
印　　张　5.5
图　　文　88 码
版　　次　2015 年 1 月第 1 版
印　　次　2015 年 1 月第 1 次印刷
书　　号　ISBN 978-7-5335-4683-0
定　　价　29.80 元
　　　　　书中如有印装质量问题，可直接向本社调换

设计·爱

客厅是接待客人的社交场所，是一个家庭的"脸面"。客厅也是装修中的"面子"工程，相对其他功能区域，客厅是装修风格的集中体现处，它的设计应起到体现主人的格调与品位的作用。因此，作为家装设计的领航者，华浔品味装饰集团"客厅"系列丛书应运而生。它是华浔集团从全国200多个分公司最新设计的上万个家居设计方案中，精选出一批优秀客厅设计作品编制而成的设计年鉴。它集结了华浔集团上万名设计师的智慧与正能量，并展现了他们的实力与成果，更体现了他们以设计品味空间为己任的宗旨和华浔设计引领业界的领导地位。

华浔"2015客厅"系列丛书紧跟时代流行趋势，注重家居的个性化与人性化，并突出以"设计·爱"为主旋律。什么是"爱"？每个人心中自有自己的诠释。有位哲学家曾做出了最佳定义："爱，是无私地推动他人成长。"当你放下私欲去帮助他人成长为最出色的人的时候，你自己也会感受到爱，最终你也会得到成长。由此延伸到家装行业，也是同样的道理。

当然，对于已经成立17年的华浔集团来说，爱的表现形式有很多种。爱是"达则兼济天下"的胸怀，从为震区设计震不倒的房子到赞助全国城乡厨卫改造，再到援建汶川布瓦寨希望学校，华浔用行动塑造着一个有爱心的企业形象；爱是勇于承担的责任，17年来，华浔集团始终以设计品味空间为己任，筑造舒适、健康、幸福、和谐的品味生活为使命，为无数客户实现了理想中的家居梦想；爱是呵护健康的使者，华浔集团使用的安全可靠无毒害的环保材料，让客户居家身心更放松；爱是充满人情味的关怀，华浔集团在设计和施工上一直坚持和推崇"以人为本"的理念，不论老人、小孩、夫妻都能在同一屋檐下寻找到最惬意的居住感觉，营造真正的天伦之乐。

爱，还是设计者对职业的挚爱，对作品的喜爱，对生活的热爱……

爱，华浔文化永恒的主旋律；爱，华浔设计的主旋律；爱，华浔"2015客厅"系列丛书的主旋律……

本丛书根据当前流行的装修风格分成简约风格、现代风格、中式风格和欧式风格四册，以满足广大业主不同的需求，选择适合自己风格的设计方案，打造理想的家居环境。除了提供读者相关的客厅设计方案外，本丛书还详细介绍了这些方案的材料说明和施工要点，以便于广大业主在选择适合自己的家装方案的同时，能了解方案中所运用的材料及其工艺等。我们希望本丛书能成为广大追求理想家居的人们，特别是准备购买和装修家居的业主们提供有益的借鉴，同时也为广大室内设计师们提供参考。

作者

2014年11月

施工要点

沙发背景墙面用水泥砂浆找平，按照设计图纸在墙面上弹线放样，安装钢结构，用干挂的方式将米黄大理石及砂岩固定在墙上，完工后用石材勾缝剂填缝。

主要材料：1 米黄大理石　2 砂岩　3 金箔壁纸

施工要点

用点挂的方式将安曼米黄大理石及砂岩固定在墙上；剩余墙面防潮处理后用木工板打底，用中性高密度玻璃胶将印花金镜固定在底板上。

主要材料：1 安曼米黄大理石　2 印花金镜

施工要点

电视背景墙面用水泥砂浆找平，用石胶将爵士白大理石固定在墙上，完工后用勾缝剂填缝；剩余墙面满刮腻子，用砂纸打磨光滑，刷一层基膜后贴壁纸。

主要材料：1 壁纸　2 爵士白大理石

沙发背景墙上暖黄色的壁纸与地面石材色调一致，奠定了空间的整体格调；精美的家具体现出空间欧式风情的内涵。

主要材料：1 壁纸
2 仿大理石地砖
3 硬包

施工要点 用木工板做出电视背景墙上的造型，墙面满刮三遍腻子，用砂纸打磨光滑，刷底漆、面漆。部分墙面刷一层基膜后贴壁纸。用粘贴固定的方式将茶镜固定在干净的底板上。

主要材料：1 软包　2 米黄大理石　3 茶镜

施工要点 电视背景墙面用水泥砂浆找平，用点挂的方式将爵士白大理石固定在墙上，完工后抛光打蜡处理。银镜基层用木工板打底，用粘贴固定的方式固定。

主要材料：1 爵士白大理石　2 车边银镜

施工要点 沙发背景墙面用水泥砂浆找平，按照设计图纸在墙面上弹线放样，用点挂的方式将大理石及收边线条固定在墙面上；剩余墙面满刮三遍腻子用砂纸打磨光滑，刷一层基膜后贴壁纸。

主要材料：1 白色大理石
　　　　　2 无纺布壁纸
　　　　　3 印花茶镜

简洁的线条在开阔的空间里交错着，厚重的大理石与银镜在背景墙上形成质地对比，展现出欧式古典的优雅。

主要材料：1 米黄大理石　2 银镜
　　　　　3 壁纸

施工要点

用点挂的方式固定米黄大理石及浅咖网大理石收边线条，完工后进行石材养护处理。银镜基层用木工板打底，用粘贴固定的方式固定，完工后用硅酮密封胶密封。

主要材料：①浅咖网纹大理石
②银镜
③米黄大理石

施工要点

按照设计图纸在电视墙面上弹线放样，用点挂的方式将大理石固定在墙上。剩余墙面用木工板打底，部分墙面贴枫木饰面板后刷油漆。最后用粘贴固定的方式将银镜固定在底板上。

主要材料：①壁纸 ②车边银镜 ③玻化砖

施工要点

用湿贴的方式将文化石固定在墙面上，完工后勾缝处理；用木工板做出弧形凹凸造型，墙面满刮三遍腻子，用砂纸打磨光滑，刷底漆、面漆；部分墙面刷一层基膜后贴壁纸。

主要材料：①文化石 ②仿古砖 ③碎花壁纸

电视背景墙用米黄大理石及银镜装饰，干净、利落；水晶吊灯与印花银镜精致搭配，令欧式空间的典雅气息弥漫开来。

主要材料：①印花银镜 ②米黄大理石
③壁纸

精致秀美的拼花地砖别具风情，绚丽的羊毛地毯与华丽的吊顶交相辉映，给空间带来了高贵华丽的气息。

主要材料：1 米黄大理石
2 浅啡网纹大理石
3 胡桃木饰面板

施工要点

按照设计图纸在墙面上弹线放样，在墙上安装钢结构，用干挂的方式将浅啡网纹大理石固定在墙上，完工后进行抛光、打蜡处理。

主要材料：1 浅啡网纹大理石
2 金箔壁纸　3 茶镜

施工要点

墙面满刮三遍腻子，用砂纸打磨光滑，刷底漆、有色面漆。剩余墙面用木工板打底，用粘贴固定的方式将镜面玻璃固定在底板上。

主要材料：1 仿古砖　2 有色乳胶漆

施工要点

用木工板做出电视背景墙上的造型，部分墙面满刮三遍腻子，用砂纸打磨光滑，刷底漆、面漆。用气钉及胶水将定制的硬包固定在底板上。

主要材料：1 硬包　2 木造型刷白漆

电视背景墙面用水泥砂浆找平，按照设计图纸在墙面上弹线放样，用干挂的方式将大理石固定在墙面上；剩余墙面满刮三遍，用砂纸打磨光滑，刷一层基膜后贴壁纸。

主要材料：1 玉石　2 米黄大理石　3 壁纸

用点挂的方式固定大理石，完工后进行抛光打蜡处理。剩余部分墙面满刮三遍腻子，用砂纸打磨光滑，刷底漆、面漆，刷一层基膜后贴壁纸。最后将定制的壁炉造型固定在墙上。

主要材料：1 壁纸　2 米黄大理石　3 金箔

用木工板做出电视背景墙上的灯带造型，安装收边线条。墙面满刮三遍腻子，用砂纸打磨光滑，刷底漆、面漆。部分墙面刷一层基膜后贴壁纸。

主要材料：1 玻化砖　2 壁纸　3 有色乳胶漆

大面积米黄石材的运用令客厅空间多了几分高贵华丽感；精美的吊灯映衬着金箔饰面的吊顶，浪漫温馨感十足。

主要材料：1 米黄大理石　2 银镜　3 金箔壁纸

墙面以银镜装饰，丰富了空间的材质语言，给人明亮的视觉感受；壁纸中的图案栩栩如生，给客厅空间注入了些许生机与活力。

主要材料：1 壁纸　2 车边银镜
　　　　　　3 仿古砖

施工要点

用干挂的方式将定制的米黄大理石固定在墙上；剩余墙面满刮三遍腻子，用砂纸打磨光滑，刷一层基膜后贴壁纸。

主要材料：1 米黄大理石
　　　　　　2 壁纸　3 金箔壁纸

施工要点

用湿贴的方式将仿古砖固定在墙上，完工后用勾缝剂填缝；按照设计图纸固定线条。剩余墙面满刮三遍腻子，用砂纸打磨光滑，刷底漆、面漆。

主要材料：1 仿古砖　2 银镜

施工要点

沙发背景墙面用木工板做出设计图中造型，贴沙比利饰面板后刷油漆；用气钉及胶水将定制的软包斜拼固定在底板上。

主要材料：1 浮雕壁纸　2 沙比利饰面板　3 软包

客厅地面大面积米采用黄石材铺贴，赋予空间大气格调的同时，也带来了些许家的温馨。

主要材料：①通花板　②雕花茶镜
　　　　　③金箔壁纸

施工要点　用木工板及石膏线条做出电视背景墙上的造型。墙面满刮三遍腻子，用砂纸打磨光滑，刷底漆、面漆。部分墙面刷一层基膜后贴壁纸，用粘贴固定的方式固定银镜。

主要材料：①壁纸　②浅啡网纹大理石　③银镜

施工要点　电视背景墙面用水泥砂浆找平，用干挂的方式将米黄大理石固定在墙上；剩余墙面满刮三遍腻子，用砂纸打磨光滑，刷一层基膜后贴壁纸，最后固定实木线条。

主要材料：①米黄大理石　②壁纸

施工要点　用是铁的方式固定文化石，剩余墙面满挂腻子，用砂纸打磨光滑，刷一层基膜后贴壁纸；最后固定定制的印花亚克力板。

主要材料：①亚克力板　②文化石　③仿古砖

施工要点 电视背景墙用水泥砂浆找平，软包基层用木工板打底，部分墙面用肌理漆饰面。剩余墙面刮腻子，刷底漆、面漆。用气钉及胶水将定制的硬包固定在底板上。

主要材料：1硬包 2仿古砖 3肌理漆

施工要点 墙面按照设计图纸砌成弧形造型，整个墙面满刮三遍腻子，用砂纸打磨光滑，刷底漆、有色面漆；部分墙面刷一层基膜后贴壁纸。

主要材料：1壁纸 2有色乳胶漆 3复合实木地板

施工要点 按照设计图纸用木工板做出墙面的收边线条，贴沙比利饰面板后刷油漆；剩余部分墙面满刮腻子，用砂纸打磨光滑，刷一层基膜后贴壁纸。

主要材料：1壁纸 2沙比利饰面板

挑高的客厅大气、时尚。大面积米黄石材的运用给空间带来了温暖感，背景墙上的银镜映衬出客厅的奢华，整体空间和谐又唯美。

主要材料：1车边银镜 2米黄大理石

素雅的白色空间多处运用蓝色装饰，令客厅焕发出迷人的魅力；绿色植物净化空气，美化环境。

主要材料：①马赛克 ②杉木板 ③锈石砖

施工要点

沙发背景墙面用水泥砂浆找平，按照设计图纸在墙面上弹线放样，用干挂的方式将大理石固定在墙上，完工后对石材进行养护。

主要材料：①米黄大理石 ②深啡网纹大理石

施工要点

电视背景墙面用水泥砂浆找平，按照设计图纸在墙面上弹线放样，用点挂的方式固定米黄大理石及浅啡网纹收边线条；镜子基层用木工板打底，用粘贴固定的方式固定银镜，最后用硅酮密封胶密封。

主要材料：①米黄大理石 ②银镜 ③密度板雕花

施工要点

用干挂的方式固定大理石，完工后进行抛光、打蜡处理。剩余墙面用木工板打底，用粘贴固定的方式将银镜固定在干净的底板上，完工后用硅酮密封胶密封。

主要材料：①玻化砖 ②银镜 ③浅啡网纹大理石

施工要点 按照设计图纸背景墙砌成凹凸弧形造型，用湿贴的方式固定仿古砖及文化石，完工后用勾缝剂填缝。剩余墙面满刮三遍腻子，用砂纸打磨光滑，刷底漆、有色面漆。

主要材料：1 文化石　2 仿古砖　3 有色乳胶漆

施工要点 用湿贴的方式将文化石及仿古砖固定在墙上，完工后用勾缝剂填缝。剩余墙面满刮三遍腻子，用砂纸打磨光滑，刷底漆、白色及有色面漆。

主要材料：1 文化石　2 仿古砖　3 实木地板

施工要点

用干挂的方式固定米黄大理石；镜子基层用木工板打底，用粘贴固定的方式固定；剩余墙面满刮腻子，用砂纸打磨光滑，刷一层基膜后贴壁纸。

主要材料：1 银镜　2 米黄大理石　3 壁纸

电视背景墙大量运用石材装饰，使空间更显大气、时尚；精美的吊灯传递出古典欧式的情调，成为空间的视觉焦点，为客厅添彩。

主要材料：1 壁纸　2 玻化砖　3 砂岩

施工要点

用干挂的方式固定米黄大理石及砂岩，完工后对石材进行抛光、打蜡处理。

主要材料：1.米黄大理石　2.砂岩

施工要点

沙发背景墙面用水泥砂浆找平，用木工板及石膏线条做出造型。墙面满刮三遍腻子，用砂纸打磨光滑，刷底漆，面漆。部分墙面刷一层基膜后贴壁纸。

主要材料：1.仿大理石地砖　2.仿古砖　3.壁纸

施工要点

电视背景墙面用水泥砂浆找平，用点挂的方式固定米黄大理石；剩余墙面防潮处理后用木工板打底，用粘贴固定的方式将银镜固定在底板上，完工后用硅酮密封胶密封。

主要材料：1.米黄大理石　2.银镜　3.有影慕尼加饰面板

方中套圆的吊顶设计增添了空间的造型语言；背景墙大面积运用银镜装饰，虚实间将空间演绎得丰富多彩。

主要材料：1.银镜　2.米黄大理石　3.红橡木饰面板

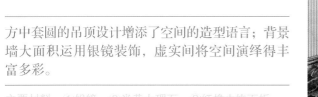

宽敞大气的挑高空间中，沙发背景墙大面积采用大理石铺设。米黄色与黑色对比使空间显得气派华丽，银镜的点缀更增强了界面的光泽度和亮度。

主要材料：1 银镜　2 米黄大理石　3 皮革软包

施工要点 用干挂的方式将米黄大理石固定在电视背景墙上，剩余墙面用木工板打底。部分墙面贴有影慕尼加饰面板后刷油漆，用粘贴固定的方式将银镜固定在指定底板上；用气钉及胶水将软包固定在剩余底板上。

主要材料：1 米黄大理石　2 有影慕尼加饰面板　3 软包

施工要点 在墙上安装石膏线条，镜子基层用木工板打底；剩余墙面满刮三遍腻子，用砂纸打磨光滑，刷底漆、面漆；部分墙面刷一层基膜后贴壁纸；最后用粘贴固定的方式将银镜固定在底板上。

主要材料：1 银镜　2 壁纸

施工要点 用点挂的方式将米黄大理石固定在墙上，完工后对石材进行养护；剩余墙面用木工板打底，将定制的硬包固定在干净的底板上。

主要材料：1 米黄大理石　2 植绒壁纸　3 硬包

施工要点 按照设计图纸做出钢结构，用干挂的方式将大理石固定，完工后对石材进行抛光、打蜡处理。

主要材料：1壁纸 2黑色大理石

施工要点 用湿贴的方式固定金丝米黄大理石，剩余两侧墙面用木工板打底做出设计造型，贴泰柚木饰面板后刷油漆。

主要材料：1泰柚木饰面板 2金丝米黄大理石

吊顶的黑镜装饰视觉上拉伸了纵向空间，带来丰富的视觉效果。空间整体的黑白色调营造出高贵而唯美的空间氛围。

主要材料：1黑镜 2黑白根大理石 3亚光砖

施工要点 用木工板及石膏线条做出电视背景墙上的造型；整个墙面满刮三遍腻子，用砂纸打磨光滑，刷底漆、面漆；部分墙面刷一层基膜后贴壁纸。

主要材料：1壁纸 2白色大理石

客厅墙面装饰以暖黄色为
主，与家具的色调保持一
致，一起塑造出典雅的居
室环境。

主要材料：1 黑白根大理石
2 玻化砖
3 软包

施工要点

用点挂的方式将米黄大理石
及黑色大理石固定在墙上。
剩余墙面防潮处理后用木工
板打底，用粘贴固定的方式
固定银镜。用气钉及胶水将
软包固定在剩余的底板上。

主要材料：1 软包　2 银镜
3 米黄大理石

施工要点 用点挂的方式固定米黄大理石，用湿贴的方式固定仿古砖。
剩余墙面用木工板打底，安装成品收边线条。用粘贴固定的
方式固定银镜，完工后用硅酮密封胶密封。

主要材料：1 米黄大理石　2 仿古砖　3 银镜

施工要点 电视背景墙防潮处理后用木工板打底，用托压固定
的方式将印花银镜固定在两侧；用气钉及胶水固
定定制的硬包。

主要材料：1 硬包　2 雕花银镜

施工要点

用湿贴的方式将文化石固定在墙上。根据设计需求，两侧墙面用木工板打底，贴枫木饰面板后刷油漆，最后固定钢化玻璃。

主要材料：1 文化石
2 枫木饰面板
3 实木地板

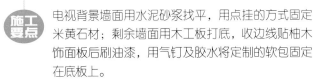

施工要点

电视背景墙面用水泥砂浆找平，用点挂的方式固定米黄石材；剩余墙面用木工板打底，收边线贴柚木饰面板后刷油漆，用气钉及胶水将定制的软包固定在底板上。

主要材料：1 米黄大理石 2 柚木饰面板 3 软包

施工要点

按照设计图纸在墙面上弹线放样，用干挂的方式将橘皮红大理石固定在墙上；剩余墙面用木工板打底，固定成品线条，用粘贴固定的的方式将银镜固定在底板上，最后用硅酮密封胶密封。

主要材料：1 橘皮红大理石 2 银镜 3 黑金花大理石

暖黄色的灯带赋予了吊顶别样的气质；古典的欧式家具搭配大面积的米黄石材，烘托出空间的高贵与奢华。

主要材料：1 软包
2 米黄大理石
3 壁纸

 施工要点 电视背景墙面用水泥砂浆找平，用木工板做出收边线条，贴水曲柳饰面板，刷油漆；剩余墙面满刮三遍腻子，用砂纸打磨光滑，刷底漆、有色面漆；部分墙面刷一层基膜，贴壁纸。

主要材料：1.复合实木地板　2.水曲柳饰面板　3.壁纸

 施工要点 沙发背景墙面用水泥砂浆找平，用干挂的方式将米黄大理石固定在墙上。剩余墙面满刮三遍腻子，用砂纸打磨光滑，刷一层基膜后贴壁纸。

主要材料：1.壁纸　2.仿古砖

宽敞大气的挑高空间中，墙面大面积采用大理石铺设，米黄色与白色的搭配使空间显得气派华丽。复古欧式家具给人华丽高贵的感觉。

主要材料：1.深咖网纹大理石　2.沙安娜米黄大理石

 施工要点 根据设计需求用干挂的方式将砂岩及大理石固定在墙面上，完工后进行石材养护；剩余墙面防潮处理后用木工板打底，用粘贴固定的方式将灰镜固定在底板上，完工后用硅酮密封胶密封。

主要材料：1.砂岩　2.泰柚木饰面板　3.车边灰镜

19

用点挂的方式固定米黄大理石收边线条；两侧墙面用木工板做出层板造型，贴沙比利饰面板后刷油漆；剩余墙面满刮腻子，用砂纸打磨光滑，刷一层基膜后贴壁纸。

主要材料：1 壁纸
2 沙比利饰面板
3 仿古砖

吊顶以米黄色壁纸贴饰，在灯光照射下呈现出精致的光泽；金色的装饰线条丰富空间语言，令空间尽显奢华与尊贵。

主要材料：1 壁纸　2 砂岩
3 世纪米黄大理石

镜子基层用木工板打底；剩余墙面满刮三遍腻子，用砂纸打磨光滑，刷一层基膜，贴壁纸；固定成品收边线条，用粘贴固定的方式把银镜固定在底板上。

主要材料：1 壁纸　2 车边银镜

电视背景墙面用水泥砂浆找平，根据设计需求在墙上安装钢结构，用干挂的方式将米黄大理石固定在墙上，完工对石材进行抛光、打蜡处理。

主要材料：1 安曼米黄大理石　2 硬包　3 浅啡网纹大理石

吊顶上的井格丰富了界面的层次感，在灯光下呈现出金色的光泽，搭配上精美的欧式吊灯及家具，高贵的皇室气息不言而喻。

主要材料：1砂岩　2壁纸　3安曼米黄大理石

施工要点 按照设计图纸用木工板及硅酸钙板做出电视背景墙上的凹凸造型；墙面满刮三遍腻子，用砂纸打磨光滑，刷底漆、白色及有色面漆；剩余墙面刷一层基膜，贴壁纸。

主要材料：1仿古砖　2壁纸　3有色乳胶漆

施工要点 根据设计需求在墙面上弹线放样，安装钢结构，用干挂的方式将大理石固定在墙上；部分墙面满刮腻子，刷一层基膜，贴壁纸；最后固定透光板。

主要材料：1安曼米黄大理石　2密度板雕花　3浅啡网纹大理石

施工要点

电视背景墙面用水泥砂浆找平，根据设计需求在墙面上弹线、放样、安装钢结构，用干挂的方式将订购的大理石固定在墙上，完工后对石材进行抛光、打蜡处理。

主要材料：1金箔壁纸　2世纪米黄大理石

精美的吊灯和优雅的复古风格沙发一起展现出亦华丽亦浪漫的欧式空间；没有铺陈强烈夸张的色彩，各个界面均采用清透纯净的白色和米色，使空间印象更为高贵矜持。

主要材料：1 软包　2 金镜　3 密度板雕花

 施工要点

按照设计图纸在墙面上弹线放样，用干挂的方式将米黄大理石固定在墙上；剩余墙面满刮三遍腻子，用砂纸打磨光滑，刷底漆、面漆，最后安装窗套线。

主要材料：1 仿古砖　2 实木窗套

 施工要点

用湿贴的方式将大理石踢脚线固定在墙上。剩余墙面满刮三遍腻子，用砂纸打磨光滑，刷一层基膜，用环保白乳胶配合专业壁纸粉将壁纸固定在墙上。最后安装实木收边线条。

主要材料：1 西班牙米黄大理石　2 壁纸　3 有色乳胶漆

 施工要点

电视背景墙面用水泥砂浆找平，用干挂的方式将伯利黄大理石固定在墙面上；剩余墙面防潮处理后用木工板打底，用气钉及胶水固定软包。

主要材料：1 伯利黄大理石　2 壁纸　3 软包

施工要点

按照设计图纸在墙面上弹线放样，用干挂的方式固定大理石，完工后进行抛光打蜡处理；在剩余墙面固定石膏线条，满刮三遍腻子，用砂纸打磨光滑，刷底漆、面漆。

主要材料：1 壁纸 2 白色人造石 3 浅咖网纹大理石

罗马柱式的门廊，一组精致的欧式家具将空间的高贵典雅打造出来；吊顶的线条在灯光烘托下呈现出金色的光泽，高贵的皇室气质不言而喻。

主要材料：1 石膏角线 2 软包

施工要点

客厅电视背景墙用水泥砂浆找平，按照设计图纸在墙面上弹线放样，用点挂的方式将大理石固定在墙上，完工后进行抛光打蜡处理。

主要材料：1 深咖网纹大理石 2 墙化砖 3 马赛克

施工要点

用干挂的方式固定米黄大理石及收边线条，用木工板做出两侧对称造型。墙面满刮三遍腻子，用砂纸打磨光滑，刷底漆、面漆。部分墙面刷一层基膜后贴壁纸。

主要材料：1 米黄大理石 2 壁纸 3 银镜

施工要点

电视背景墙面用水泥砂浆找平，用点挂的方式固定世纪金花大理石；剩余墙面满刮三遍腻子，用砂纸打磨光滑，刷一层基膜后贴壁纸。

主要材料：1 世纪金花大理石
2 复合实木地板　3 壁纸

施工要点

在墙上固定石膏线条，整个墙面满刮三遍腻子，用砂纸打磨光滑，刷底漆、有色面漆；部分墙面刷一层基膜后贴壁纸，最后安装踢脚线。

主要材料：1 壁纸　2 仿古砖
3 有色乳胶漆

施工要点

电视背景墙面用水泥砂浆找平，根据设计需求在墙面上弹线放样，安装钢结构，用干挂的方式固定米黄大理石及爵士白大理石，完工后对石材进行养护。

主要材料：1 安曼米黄大理石
2 爵士白大理石　3 壁纸

吊顶上的线条与雕花丰富了空间层次，灯光下呈现出金色光泽，搭配上精美的欧式吊灯，使客厅尽显高贵的皇室气质。

主要材料：1 仿大理石地砖　2 石膏角线

施工要点 用干挂的方式将米黄大理石固定在沙发背景墙上，完工后进行抛光打蜡处理；用湿贴的方式固定仿古砖。

主要材料：①米黄大理石 ②银镜 ③深咖网纹大理石

施工要点 电视背景墙面用水泥砂浆找平，用湿贴的方式将仿古砖固定在墙上，完工后用白色勾缝剂填缝，清洁好表面的卫生。

主要材料：①有色乳胶漆 ②仿古砖

整个空间以浅暖色为基调，打造出端庄典雅的气质。电视背景墙以雪花白大理石装饰，其天然的纹理，使空间显得更加高贵矜持。

主要材料：①壁纸 ②雪花白大理石 ③有色乳胶漆

施工要点 沙发背景墙用水泥砂浆找平，用干挂的方式固定玛莎红大理石；镜子基层防潮处理后用木工板打底；剩余墙面满刮三遍腻子，用砂纸打磨光滑，刷一层基膜后贴壁纸；用粘贴固定的方式将车边银镜固定在底板上。

主要材料：①车边银镜 ②玛莎红大理石 ③壁纸

暖色灯光映射在菱形的吊顶中，营造出安静祥和的空间氛围；车边银镜的运用带来了明亮的视觉效果，丰富了空间材质语言。

主要材料：1 车边银镜
2 银线米黄大理石
3 壁纸

施工要点

用湿贴的方式将文化石固定在墙上，完工后用勾缝剂填缝；固定成品实木线条；剩余墙面满刮三遍腻子，用砂纸打磨光滑，刷底漆、有色面漆；最后安装实木踢脚线。

主要材料：1 文化石　2 仿古砖
3 有色乳胶漆

施工要点

用木工板、硅酸钙板及石膏线条做出电视背景墙上的造型；墙面满刮三遍腻子，用砂纸打磨光滑，刷底漆、面漆；部分墙面刷一层基膜后贴壁纸。

主要材料：1 壁纸　2 石膏角线

施工要点

用干挂的方式固定金丝米黄大理石，完工后进行石材养护；剩余墙面满刮三遍腻子，用砂纸打磨光滑，刷一层基膜后贴壁纸；镜子基层用木工板打底，用粘贴固定的方式固定车边银镜。

主要材料：1 壁纸　2 车边银镜　3 金丝米黄大理石

施工要点

电视背景墙面用水泥砂浆找平，根据设计需求在墙面上弹线放样，用干挂的方式固定大理石，完工后进行抛光、打蜡处理。

主要材料：1爵士白大理石
2米黄大理石　3壁纸

施工要点

根据设计需求在电视背景墙上安装钢结构，用干挂的方式将定制的大理石固定在墙上，完工后进行抛光、打蜡处理。

主要材料：1旧米黄大理石　2雨林啡大理石
3金箔壁纸

施工要点

电视背景墙做出设计造型，用白水泥将马赛克固定在墙上，剩余墙面满刮三遍腻子，用砂纸打磨光滑，刷底漆、面漆。

主要材料：1马赛克　2仿古砖　3水曲柳饰面板擦色

地中海风格浓郁的客厅给人清新舒适的感觉，蓝白色调打造的空间既大方又充满热情。

主要材料：1马赛克　2仿古砖
3杉木板

施工要点 用干挂的方式固定米黄大理石，按照设计图纸用木工板做出展示柜造型，贴沙比利饰面板后刷油漆。

主要材料：1 米黄大理石 2 沙比利饰面板
3 龙舌兰大理石

施工要点 沙发背景墙面用水泥砂浆找平，用点挂的方式将大理石固定在墙上，完工后进行石材养护；用地板钉将复合实木板固定在剩余墙上。

主要材料：1 复合实木板 2 橡皮纹大理石
3 龙舌兰大理石

施工要点 用点挂的方式固定米黄大理石，剩余墙面防潮处理后用木工板打底，用粘贴固定的方式将车边银镜固定在底板上，完工后用硅酮密封胶密封。

主要材料：1 壁纸
2 车边银镜
3 米黄大理石

黄色和金色的运用使空间显得金碧辉煌；客厅吊顶运用金箔装饰拉开一室华彩，令空间弥漫着富丽气氛。

主要材料：1 金箔壁纸
2 玻璃马赛克
3 墙砖

暖黄色墙面搭配白色的皮质沙发，展现简约大气感；弧型的门洞设计丰富了空间的造型语言。

主要材料：①仿古砖 ②有色乳胶漆

施工要点

根据设计需求墙面砌成凹凸弧形造型，用湿贴的方式固定仿古砖，完工后用勾缝剂填缝。剩余墙面满刮腻子，用砂纸打磨光滑，刷底漆、有色面漆；用丙烯颜料将图案手绘到墙面上。

主要材料：①仿古砖 ②有色乳胶漆
　　　　　③丙烯颜料图案

施工要点

电视背景墙面用水泥砂浆找平，用干挂的方式固定爵士白大理石；剩余墙面满刮腻子，用砂纸打磨光滑，刷一层基膜后贴壁纸；镜子基层用木工板打底，用粘贴固定的方式固定，完工后用硅酮密封胶密封。

主要材料：①银镜 ②壁纸 ③爵士白大理石

施工要点

用湿贴的方式将仿古砖固定在墙上，完工后用勾缝剂填缝；两侧墙面用木工板打底，部分墙面刮腻子，刷底漆、面漆；用粘贴固定的方式将黑镜固定在剩余底板上，最后固定通花板。

主要材料：①仿古砖 ②黑镜 ③壁纸

 施工要点
用点挂的方式固定石材，完工后进行抛光、打蜡处理；剩余部分墙面满刮腻子，用砂纸打磨光滑，刷一层基膜后贴壁纸；镜子基层用木工板打底，用粘贴固定的方式固定金镜。

主要材料：1 金镜　2 壁纸　3 欧式金花大理石

 施工要点
沙发背景墙面用水泥砂浆找平，按照设计图纸在墙面上弹线放样，安装钢结构，用干挂的方式将米黄大理石及定制的砂岩固定在墙上，完工后对石材进行养护。

主要材料：1 砂岩　2 爱曼米黄大理石　3 深啡网纹大理石

电视背景墙采用高档的珊瑚红大理石装饰，再配以黄色的壁纸贴饰，令空间显得温馨、舒适。

主要材料：1 壁纸　2 珊瑚红大理石　3 银箔壁纸

 施工要点
墙面砌成凹凸弧形造型，用湿贴的方式固定仿古砖；剩余墙面满刮三遍腻子，用砂纸打磨光滑，刷底漆、面漆。

主要材料：1 仿古砖　2 壁纸　3 亚光砖

施工要点

沙发背景墙面用水泥砂浆找平，用干挂的方式固定爵士白大理石。剩余墙面满刮三遍腻子，用砂纸打磨光滑，刷一层基膜，用环保白乳胶配合专业壁纸粉将壁纸固定在墙面上。

主要材料：①壁纸 ②爵士白大理石 ③银镜

施工要点 用湿贴的方式固定米黄大理石；用木工板做出两侧对称造型；部分墙面满刮三遍腻子，用砂纸打磨光滑，刷底漆、面漆；用粘贴固定的方式固定金镜。

主要材料：①米黄大理石 ②金镜 ③壁纸

施工要点 沙发背景墙面用水泥砂浆找平，用干挂的方式将安曼米黄大理石固定在墙面上；剩余墙面用木工板打底，用气钉及万能胶将定制的软包分块固定在底板上。

主要材料：①车边银镜 ②安曼米黄大理石 ③软包

方中套圆的吊顶设计丰富了空间的造型语言。电视背景墙用米黄大理石贴饰，并以通花板点缀，整体现代时尚。

主要材料：①西班牙米黄大理石 ②壁纸 ③通花板

 施工要点

按照设计需求在墙面上安装钢结构，用干挂的方式固定金线米黄大理石，完工后进行石材养护；镜子基层用木工板打底，用粘贴固定的方式固定红镜，完工后用硅酮密封胶密封。

主要材料：1 金线米黄大理石　2 红镜　3 亚光砖

方形设计的吊顶搭配精美的水晶吊灯，打造成空间的视觉中心；大理石搭配卷草纹图案壁纸装饰电视背景墙，符合了欧式风格的表达。

主要材料：1 壁纸　2 浅啡网纹大理石

 施工要点

用点挂的方式固定红线米黄大理石，完工后进行石材养护；剩余墙面防潮处理后用木工板打底，用粘贴固定的方式将车边银镜固定在底板上，完工后用硅酮密封胶密封。

主要材料：1 红线米黄大理石　2 车边银镜　3 植绒壁纸

 施工要点

用点挂的方式固定米黄大理石，剩余墙面用木工板打底，用粘贴固定的方式固定银镜；将定制的波浪板固定在剩余底板上。

主要材料：1 银镜　2 米黄大理石　3 波浪板

施工
要点　用点挂的方式固定大理石；剩余两侧墙面防潮处理后用木工板打底，用托压固定的方式将印花银镜固定在底板上，完工后用硅酮密封胶密封。

主要材料：①橙皮红大理石　②印花银镜
　　　　　③玻化砖

施工
要点　沙发背景墙面用水泥砂浆找平，用木工板做出造型，贴樱桃木饰面板后刷油漆；剩余墙面满刮三遍腻子，用砂纸打磨光滑，刷一层基膜后贴壁纸。

主要材料：①壁纸　②樱桃木饰面板　③皮革

施工
要点　电视背景墙面用水泥砂浆找平，按照设计图纸在墙面上弹线放样，安装钢结构，用干挂的方式将大理石固定在墙上，完工后进行抛光、打蜡处理。

主要材料：①米黄大理石　②浅咖网纹大理石

地面采用米黄大理石铺设，搭配同色系的家具及壁纸，使空间更显温馨格调。层叠的吊顶搭配暖黄色壁纸，令欧式的优雅气息在空间中层层"绽放"。

主要材料：①壁纸
　　　　　②帝王金大理石
　　　　　③雨林啡大理石

施工要点 沙发背景墙面用水泥砂浆找平，用干挂的方式固定大理石；剩余墙面用木工板打底，用粘贴固定的方式固定金镜；最后固定定制的通花板。

主要材料：1 橙皮红大理石　2 通花板　3 木纹大理石

施工要点 用湿贴的方式将仿洞石砖固定在墙上，完工后用勾缝剂填缝；剩余墙面防潮处理后用木工板打底，用粘贴固定的方式将黑镜固定在底板上，完工后用密封胶密封。

主要材料：1 仿洞石砖　2 黑镜　3 复合实木地板

施工要点 用文化石打造的壁炉给居室带来浓浓的暖意；两侧对称的拱形造型令空间更加整洁；墙面暖黄的色调与地面色调相呼应，协调、美观。

主要材料：1 文化石　2 壁纸　3 仿古砖

咖啡色的仿皮纹砖在灯光照射下呈现出柔和的细腻感；两侧的金镜装饰，使空间显得简洁明快的同时视觉上也放大了空间。

主要材料：1 仿皮纹砖　2 金镜　3 壁纸

米黄大理石装饰的电视背景墙大气时尚；对称的金镜装饰视觉上拉伸了空间，同时营造出活跃的氛围。

主要材料：①安曼米黄大理石　②金镜　③密度板通花

施工要点

用木工板做出电视柜及储物层板造型，贴水曲柳饰面板后刷油漆；剩余墙面满刮三遍腻子，用砂纸打磨光滑，刷一层基膜后贴壁纸，最后安装实木踢脚线。

主要材料：①植绒壁纸　②实木地板　③水曲柳饰面板

施工要点

用木工板做出沙发背景墙上的造型；墙面满刮三遍腻子，用砂纸打磨光滑，刷底漆、面漆；部分墙面刷一层基膜后贴壁纸；用粘贴固定的方式将金镜固定在干净的底板上。

主要材料：①壁纸　②玻化砖　③金镜

施工要点

电视背景墙面用水泥砂浆找平，根据设计需求在墙上安装钢结构，用干挂的方式固定大理石及砂岩，完工后对石材进行养护。

主要材料：①白色大理石　②砂岩　③金镜

施工要点

电视背景墙面用水泥砂浆找平，用干挂的方式将米黄大理石固定在墙上；剩余墙面防潮处理后用木工板打底，用气钉及万能胶将定制的软包固定在底板上。

主要材料：1.米黄大理石　2.软包　3.银镜

施工要点

用点挂的方式将浅咖网纹大理石收边线条及砂岩固定在墙上；剩余墙面防潮处理好用木工板打底，用粘贴固定的方式将灰镜固定在底板上，完工后用硅酮密封胶密封。

主要材料：1.砂岩　2.浅咖网纹大理石　3.灰镜

挑高的复式空间，丰富的材质，现代典雅的大气之作；暖色调家具营造出沉稳内敛的居室情调。

主要材料：1.壁纸　2.银箔壁纸　3.仿古砖

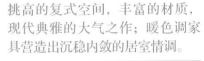

施工要点

软包基层用木工板打底，固定成品收边线条；两侧墙面满刮三遍腻子，用砂纸打磨光滑，刷一层基膜后贴壁纸；固定成品通花板；用气钉及万能胶将定制的软包固定在底板上。

主要材料：1.软包　2.米黄大理石　3.壁纸

 施工要点 用点挂的方式将世纪米黄大理石固定在墙上，完工后对石材进行养护；剩余墙面满刮三遍腻子，用砂纸打磨光滑，刷一层基膜后贴壁纸。

主要材料：1 壁纸　2 世纪米黄大理石　3 白色人理石

 施工要点 电视背景墙用水泥砂浆找平，按照设计图纸在墙上安装钢结构，用干挂的方式将洞石固定在墙上，完工后进行抛光打蜡处理。

主要材料：1 米黄洞石　2 玻化砖

施工要点 用点挂的方式将白色大理石固定在墙上；剩余墙面满刮三遍腻子，用砂纸打磨光滑，刷一层基膜，贴壁纸。

主要材料：1 壁纸　2 玻化砖　3 黑镜

佶大的圆形吊顶搭配精美的水晶吊灯，营造出华丽典雅的气息；精美的欧式家具在空间里展现出典雅的魅力。

主要材料：1 安婴米黄大理石　2 壁纸

白色的电视柜和展示柜呈现出淡淡的木纹肌理，打造出安静的家具氛围；大面积花纹壁纸在灯光下泛出金色的光泽，给空间增添了一丝温暖。

主要材料：1 木造型刷白漆　2 壁纸

施工要点

用木工板及石膏线条做出造型，镜子基层用木工板打底。剩余墙面满刮三遍腻子，用砂纸打磨光滑，刷底漆、面漆。部分墙面刷一层基膜后贴壁纸。用粘贴固定的方式将金镜固定在剩余底板上。

主要材料：1 壁纸　2 金镜　3 玻化砖

施工要点

用湿贴的方式将文化石固定在墙上，完工后用白色勾缝剂填缝；用木工板做出电视柜及层板造型，贴水曲柳饰面板后刷油漆；剩余墙面满刮腻子，用砂纸打磨光滑，刷一层基膜后贴壁纸。

主要材料：1 仿古砖　2 文化石　3 壁纸

施工要点

电视背景墙面用水泥砂浆找平，用干挂的方式固定砂岩及金丝米黄大理石，完工后进行抛光打蜡处理。

主要材料：1 金丝米黄大理石　2 砂岩

 沙发背景墙面用水泥砂浆找平，用点挂的方式将米黄大理石固定在墙上，完工后对石材进行养护；剩余墙面满刮三遍腻子，用砂纸打磨光滑，刷一层基膜后贴壁纸。

主要材料：1 米黄大理石　2 壁纸

 电视背景墙面用水泥砂浆找平，用湿贴的方式将仿古砖斜拼固定在墙上，完工后用勾缝剂填缝；用点挂的方式固定米黄大理石，完工后对石材进行养护。

主要材料：1 仿古砖　2 浅咖网纹大理石　3 安曼米黄大理石

 按照设计图纸在电视背景墙上安装钢结构，用干挂的方式将大理石固定在墙上，完工后进行抛光、打蜡处理。

主要材料：1 伯利黑大理石　2 安曼米黄大理石

暖黄色的大理石搭配精致优雅的欧式家具，使空间洋溢出高贵华丽感。

主要材料：1 车边银镜　2 安曼米黄大理石　3 壁纸

施工要点

用点挂的方式将米黄大理石固定在墙上；镜面马赛克基层用木工板打底，用粘贴固定的方式将其固定在干净的底板上，完工后用密封胶密封。

主要材料：1浅啡网纹大理石
2镜面马赛克 3壁纸

施工要点

用干挂的方式将安曼米黄大理石固定在电视背景墙上，完工后进行抛光、打蜡处理；剩余墙面满刮三遍腻子，用砂纸打磨光滑，刷一层基膜后贴壁纸。

主要材料：1安曼米黄大理石 2金镜 3壁纸

施工要点

用点挂的方式将大理石固定在墙上；剩余墙面满刮三遍腻子，用砂纸打磨光滑，刷一层基膜，用环保白乳胶配合专业壁纸粉将壁纸固定在墙面上。

主要材料：1世纪金花大理石 2壁纸

干净利落的线条使客厅显得明亮而清爽；安曼米黄大理石在暖色灯光烘托下更显精致大方，丰富了空间的视觉效果。

主要材料：1安曼米黄大理石 2壁纸

电视背景墙采用玉石与银镜贴饰，空间尽显庄重大方；地面大理石拼花采用相同的色调搭配，使整个客厅显得统一又大气。

主要材料：1 银镜　2 米黄大理石　3 玉石

施工要点

用点挂的方式将爵士白大理石收边线条固定在墙上，软包基层用木工板打底，在剩余墙面上固定石膏线条。墙面满刮三遍腻子，用砂纸打磨光滑，刷底漆、面漆。用气钉及胶水将定制的软包固定在底板上。

主要材料：1 软包　2 爵士白大理石　3 银镜

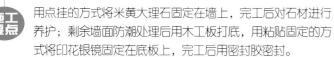

施工要点

用点挂的方式将米黄大理石固定在墙上，完工后对石材进行养护；剩余墙面防潮处理后用木工板打底，用粘贴固定的方式将印花银镜固定在底板上，完工后用密封胶密封。

主要材料：1 银镜　2 米黄大理石

施工要点

用干挂的方式将大理石固定在墙上，完工后对石材进行养护；剩余墙面用木工板打底，用粘贴固定的方式将金镜固定在干净的底板上。

主要材料：1 壁纸　2 世纪米黄大理石　3 金镜

施工要点 用干挂的方式将爵士白大理石固定在墙上；剩余墙面用木工板做出两侧对称造型；部分墙面满刮三遍腻子，用砂纸打磨光滑，刷底漆、面漆；用粘贴固定的方式将茶镜固定在底板上。

主要材料：1爵士白大理石　2茶镜　3烤瓷板

施工要点 用点挂的方式固定米黄大理石；剩余墙面用木工板做出凹凸造型，满刮三遍腻子，用砂纸打磨光滑，刷底漆、面漆；部分墙面刷一层基膜后贴壁纸。

主要材料：1壁纸　2米黄大理石

银镜、仿古砖与白色软包搭配装饰电视背景墙，使整个空间显得优雅、灵动；水晶吊灯华贵却不张扬，其暖色光线使空间显得柔和又温馨。

主要材料：1仿古砖　2银镜　3软包

施工要点 用点挂的方式将大理石固定在墙上，用木工板及成品石膏线条做出两侧造型；墙面满刮三遍腻子，用砂纸打磨光滑，刷底漆、面漆；部分墙面刷一层基膜后贴壁纸，最后安装实木踢脚线。

主要材料：1壁纸　2橙皮红大理石　3玻化砖

设计师将欧式拱门的造型应用在电视背景墙上，厚重的大理石将石两侧石膏花纹的精细衬托出来，欧式的优雅在空间中"绽放"。

主要材料：1米黄大理石　2浅咖网纹大理石

 用点挂的方式固定米黄大理石，剩余墙面用木工板打底，部分墙面贴胡桃木饰面板后刷油漆；用粘贴固定的方式将银镜固定在干净的底板上，完工后用硅酮密封胶密封。

主要材料：1木纹大理石　2仿古砖　3银镜

 电视背景墙面用水泥砂浆找平，用点挂的方式将大理石固定在墙面上，完工后进行石材养护。

主要材料：1墙纸　2车边灰镜
3金丝米黄大理石

 根据设计需求在电视背景墙面上弹线放样，安装钢结构，用干挂的方式将红玉石固定在墙上；剩余墙面用木工板打底，用粘贴固定的方式将茶镜固定在底板上，完工后用硅酮密封胶密封。

主要材料：1米黄大理石　2红玉石　3茶镜

墨绿色的软包与壁纸在白色空间中显得格外醒目，于现代简约中增加了复古的欧式韵味，同时也带来了温暖的感觉。

主要材料：1 壁纸　2 软包　3 手工地毯

施工要点 沙发背景墙面用水泥砂浆找平。整个墙面满刮三遍腻子，用砂纸打磨光滑，刷一层基膜，用环保白乳胶配合专业壁纸粉将壁纸固定在墙上，最后安装艺术玻璃及实木收边线条。

主要材料：1 壁纸　2 玻化砖　3 艺术玻璃

施工要点 用干挂的方式固定砂岩及大理石收边线条；剩余墙面防潮处理后用木工板打底，用粘贴固定的方式将银镜固定在底板上，完工后用硅酮密封胶密封。

主要材料：1 砂岩　2 钢化玻璃　3 银镜

施工要点 沙发背景墙面用水泥砂浆找平，墙面满刮三遍腻子，用砂纸打磨光滑，刷一层基膜后贴壁纸，固定成品实木收边线条及印花玻璃。

主要材料：1 壁纸　2 玻化砖　3 印花玻璃

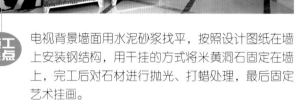

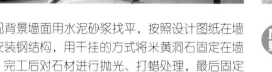

施工要点 电视背景墙面用水泥砂浆找平，按照设计图纸在墙上安装钢结构，用干挂的方式将米黄洞石固定在墙上，完工后对石材进行抛光、打蜡处理，最后固定艺术挂画。

主要材料：1米黄洞石　2雪花白大理石　3砂岩

施工要点 用干挂的方式将米黄洞石固定在电视背景墙上；剩余墙面满刮三遍腻子，用砂纸打磨光滑，刷一层基膜，用环保白乳胶配合专业壁纸粉将壁纸固定在墙上。

主要材料：1植绒壁纸　2米黄洞石　3玻化砖

施工要点 用干挂的方式将啡网纹大理石固定在电视背景墙上；完工后用勾缝剂填缝；剩余墙面用木工板打底，用粘贴固定的方式将银镜固定在底板上。

主要材料：1啡网纹大理石　2马赛克　3银镜

电视背景墙大面积采用大理石装饰，米黄色与浅绿色的对比，使空间显得气派华丽；水晶吊灯的点缀，给人更加高贵的感觉。

主要材料：1安娜米黄大理石　2玉石　3深啡网纹大理石

吊顶设计简洁而淡雅，提升了精简的整体视觉感受；水晶吊灯散发出的灯光映衬着米黄大理石的天然纹理，令欧式的典雅格调悠然而生。

主要材料：1安象米黄大理石　2仿木纹砖

施工要点

电视背景墙面用水泥砂浆找平，用干挂及湿贴的方式将定制的石材固定在墙上，完工后对石材进行抛光打蜡处理。

主要材料：1米黄大理石
　　　　　2浅啡网纹大理石
　　　　　3实木气漆

施工要点

电视背景墙面用水泥砂浆找平，根据设计需求在墙上安装钢结构，用干挂的方式将大理石固定在墙上，完工后进行抛光、打蜡处理。

主要材料：1浅啡网纹大理石　2雪花白大理石

施工要点

用木工板做出电视背景墙上的造型，并以白橡木饰面板贴饰。整个墙面满刮三遍腻子，用砂纸打磨光滑，刷底漆、有色面漆。

主要材料：1壁度板雕花　2白橡木饰面板

施工
要点

电视背景墙面用水泥砂浆找平，用点挂的方式将红玉石固定在墙上；用木工板做出两侧对称造型，贴水曲柳饰面板后刷油漆；用气钉及胶水将定制的软包固定在底板上。

主要材料：1 软包　2 植绒壁纸
3 红玉石

电视背景墙面用水泥砂浆找平，用干挂的方式将米黄大理石固定在墙上，完工后进行石材养护；剩余墙面满刮三遍腻子，用砂纸打磨光滑，刷一层基膜，贴壁纸。

主要材料：1 米黄大理石　2 金箔壁纸　3 无纺布壁纸

沙发背景墙用水泥砂浆找平，用点挂的方式将米黄大理石及其收边线条固定在墙上；剩余墙面满刮三遍腻子，用砂纸打磨光滑，刷一层基膜，贴壁纸。

主要材料：1 米黄大理石　2 黑镜　3 壁纸

大片留白的空间没有矫情的装饰元素，简单的几何曲线变化，装点出墙面的层次感；蓝白相间马赛克的点缀，给空间带来舒适轻松的气息。

主要材料：1 白色乳胶漆　2 马赛克
3 仿古砖

 施工要点 电视背景墙面用水泥砂浆找平，基层用木工板打底。剩余墙面满刮三遍腻子，用砂纸打磨光滑，刷一层基膜后贴壁纸。用粘贴固定的方式将灰镜固定在底板。

主要材料：1 壁纸　2 灰镜　3 亚光砖

 施工要点 用湿贴的方式将不同石材斜拼固定在墙上，完工后进行抛光、打蜡处理；剩余墙面防潮处理后用木工板打底，用粘贴固定的方式将灰镜固定在干净的底板上，完工后用硅酮密封胶密封。

主要材料：1 灰镜　2 浅咖网纹大理石

 施工要点 用湿贴的方式将米黄大理石斜拼固定在电视背景墙上；剩余墙面防潮处理后用木工板打底，用粘贴固定的方式将茶镜固定在底板上，完工后用硅酮密封胶密封。

主要材料：1 米黄大理石　2 壁纸　3 茶镜

米黄色背景墙上大面积的灰镜以朴素的色彩透着低调的奢华；灰镜折射的效果，让视觉游走于虚实间。

主要材料：1 木纹大理石　2 灰镜

施工要点

用点挂的方式将大理石固定在墙上，完工后进行石材养护。剩余墙面防潮处理后用木工板打底，固定成品收边线条。用粘贴固定的方式将金镜固定在底板上。

主要材料：1 米黄大理石　2 金镜　3 金箔壁纸

沙发背景墙规整有序，蓝色的基调奠定了空间温馨的基调；没有过多装饰，绒布壁纸的纹理如同一幅精致的画卷，成为界面最好的装饰。

主要材料：1 壁纸　2 实木线条　3 玻化砖

施工要点

电视背景墙面用水泥砂浆找平，安装实木线条；剩余墙面满满刮三遍腻子，用砂纸打磨光滑，刷一层基膜，用环保白乳胶配合专业壁纸粉将壁纸固定在墙面上。

主要材料：1 壁纸　2 爵士白大理石

施工要点

电视背景墙面用水泥砂浆找平，用粘贴固定的方式将银镜固定在底板上，完工后用硅酮密封胶密封；用气钉及胶水将定制的软包固定在剩余底板上。

主要材料：1 浅啡网纹大理石　2 银镜　3 软包

白色基调营造的空间典雅而温馨；实木地板的大面积铺设，令空间既大方又充满温情；印花银镜的运用增添了空间的虚实效果。

主要材料：1实木地板　2银镜　3壁纸

施工要点

用干挂的方式将金丝米黄大理石固定在电视背景墙上，完工后对石材进行抛光、打蜡处理；剩余墙面满刮三遍腻子，用砂纸打磨光滑，刷一层基膜，贴壁纸。

主要材料：1壁纸　2金丝米黄大理石　3人理石拼花

施工要点

用干挂的方式将深啡网纹大理石固定在沙发背景墙上；剩余墙面防潮处理后用木工板打底，用气钉及胶水将软包分块固定在底板上。

主要材料：1深啡网纹大理石　2软包　3金镜

施工要点

电视背景墙面用水泥砂浆找平，固定成品实木线条。墙面满刮三遍腻子，用砂纸打磨光滑，刷底漆、有色面漆。部分墙面刷一层基膜后贴壁纸。

主要材料：1有色乳胶漆　2壁纸　3仿古砖

施工要点

用湿贴的方式将文化石固定在墙面上，完工后用勾缝剂填缝；剩余墙面满刮三遍腻子，用砂纸打磨光滑，刷底漆、有色面漆。

主要材料：①文化石　②仿古砖　③壁纸

仿古砖的肌理质感古朴沧桑，衬托着深色的皮质家具，展现了休闲的居室格调；墨绿色墙裙的设计，给空间引入大自然的清新气息。

主要材料：①仿古砖　②文化石　③壁纸

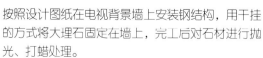

施工要点

按照设计图纸在电视背景墙上安装钢结构，用干挂的方式将大理石固定在墙上，完工后对石材进行抛光、打蜡处理。

主要材料：①深咖网纹大理石　②西班牙米黄大理石　③壁纸

施工要点

电视背景墙面用水泥砂浆找平，按照设计图纸在墙面上弹线放样，安装钢结构，用干挂的方式将世纪金花大理石固定在墙上，完工后对石材进行抛光、打蜡处理。

主要材料：①壁纸　②仿古砖　③世纪金花大理石

 施工要点 用干挂的方式将订购的大理石固定在墙上，完工后进行石材养护；剩余墙面防潮处理后用木工板打底，用气钉及胶水将软包固定在底板上。

主要材料：1南林咖大理石　2壁纸　3金镜

施工要点 根据设计需求将墙砌成凹凸弧形造型，用湿贴的方式将仿古砖固定在墙上；剩余墙面满刮三遍腻子，用砂纸打磨光滑，刷底漆、有色面漆。

主要材料：1仿古砖　2壁纸　3有色乳胶漆

 施工要点

用干挂的方式将西班牙米黄大理石固定在沙发背景墙上；镜子基层用木工板打底，剩余墙面满刮三遍腻子，用砂纸打磨光滑，刷一层基膜，贴壁纸；用粘贴固定的方式将金镜固定在底板上。

主要材料：1金镜　2西班牙米黄大理石　3壁纸

地面斜拼的仿古砖与白色调的家具共同构造出自然又富有亲和力的居室氛围。金箔壁纸搭配精美的吊灯成为空间的视觉焦点，为空间添彩。

主要材料：1金箔　2仿古砖　3壁纸

施工要点

根据设计需求将墙砌成凹凸造型，用湿贴的方式将仿古砖固定在墙上，完工后用勾缝剂填缝；剩余墙面用有色肌理漆饰面，最后安装实木踢脚线。

主要材料：1仿古砖　2壁纸　3肌理漆

银线米黄大理石打造的沙发背景墙搭配浅紫色的欧式家具，营造了一种浪漫温馨的复古氛围；银镜与大理石装饰电视背景墙，活跃了墙面语言，同时也与地面材质形成呼应。

主要材料：1银线米黄大理石　2银镜　3玻化砖

施工要点

用木工板做出电视背景墙上的造型，贴橡木饰面板后刷油漆，固定成品实木线条；剩余墙面满刮三遍腻子，用砂纸打磨光滑，刷底漆、肌理漆；部分墙面刷一层基膜后贴壁纸。

主要材料：1壁纸　2肌理漆　3仿古砖

施工要点

电视背景墙砌成凹凸造型，部分墙面满刮三遍腻子，用砂纸打磨光滑，刷底漆、有色面漆；用地板钉将复合实木板固定在剩余墙面上。

主要材料：1复合实木板　2仿古砖　3有色乳胶漆

黑白为客厅空间的主色调，深色的吊灯与家具给空间增添了神秘气质；白色大理石的运用更增添空间的时尚感。

主要材料：1 剑士白大理石　2 壁纸　3 茶镜

 施工要点　电视背景墙面用水泥砂浆找平，固定成品石膏线条，镜子基层用木工板打底；剩余墙面满刮三遍腻子，用砂纸打磨光滑，刷一层基膜贴壁纸；用粘贴固定的方式将银镜固定都在底板上。

主要材料：1 银镜　2 壁纸　3 浅咖网纹大理石

施工要点　电视背景墙面用水泥砂浆找平，安装固定成品实木收边线条；墙面满刮三遍腻子，用砂纸打磨光滑，刷底漆、有色面漆；部分墙面刷一层基膜后贴壁纸。

主要材料：1 壁纸　2 实木线条　3 有色乳胶漆

 施工要点　用点挂的方式将大理石固定在墙上，完工后进行抛光、打蜡处理；用硅酸钙板及石膏线条做出电视背景两侧对称造型，满刮三遍腻子，用砂纸打磨光滑，刷底漆、面漆；部分墙面刷一层基膜后贴壁纸。

主要材料：1 世纪淡黄大理石　2 壁纸

施工要点 用湿贴的方式将仿古砖固定在墙上，完工后用勾缝剂填缝，固定成品实木线条；剩余墙面满刮三遍腻子，用砂纸打磨光滑，刷底漆、面漆。

主要材料：1壁纸　2仿古砖　3银镜

施工要点 电视背景墙面用水泥砂浆找平，用干挂的方式固定米黄洞石；剩余墙面满刮三遍腻子，用砂纸打磨光滑，刷一层基膜，贴壁纸。

主要材料：1壁纸　2米黄洞石　3仿古砖

白色与深木色装饰在色彩上形成鲜明的对比，令空间产生明快、利落的效果。电视背景墙上竖向条纹设计视觉上拉伸了层高。

主要材料：1仿古砖　2沙比利饰面板　3有色乳胶漆

施工要点 用湿贴的方式将仿古砖斜拼固定在墙上，完工后用勾缝剂填缝；用干挂的方式固定爵士白大理石；剩余墙面用木工板打底，用粘贴固定的方式将黑镜固定在底板上，完工后用硅酮密封胶密封。

主要材料：1仿古砖　2爵士白大理石　3黑镜

施工要点

用点挂的方式将浅啡网大理石与深啡网纹大理石固定在墙上，完工后进行石材养护；剩余墙面满刮三遍腻子，用砂纸打磨光滑，刷一层基膜，贴壁纸。

主要材料：1 壁纸　2 浅啡网纹大理石　3 深啡网纹大理石

印花仿古砖搭配时尚的银镜，彰显浪漫与高贵气质；黄色大理石的天然纹理则把柔美情感带入客厅中。

主要材料：1 银镜　2 仿古砖　3 米黄大理石

施工要点

用干挂的方式将大理石固定在墙上，完工后进行石材养护；剩余两侧墙面满刮三遍腻子，用砂纸打磨光滑，刷一层基膜，贴壁纸。

主要材料：1 玻化砖　2 老木纹大理石

施工要点

用湿贴的方式将米黄大理石固定在墙上，完工后用勾缝剂填缝；剩余墙面用木工板打底，用气钉及胶水将定制的软包分块固定在底板上。

主要材料：1 软包　2 马赛克　3 壁纸

极富光泽的花纹壁纸和优雅的复古沙发一起展现出亦华丽亦浪漫的欧式空间。吊顶的银箔壁纸在灯光衬托下使空间显得更加高贵。

主要材料：①壁纸　②硬包　③银箔壁纸

施工要点 电视背景墙用水泥砂浆找平，用干挂的方式将大理石固定在墙上；剩余墙面满刮三遍腻子，用砂纸打磨光滑，刷一层基膜，贴壁纸。

主要材料：①壁纸　②浅咖网纹大理石　③西班牙米黄大理石

施工要点 电视背景墙面用水泥砂浆找平，用干挂的方式将米黄大理石固定在墙上，完工后进行石材养护；剩余墙面防潮处理后用木工板打底，用粘贴固定的方式将银镜固定在底板上。

主要材料：①米黄大理石　②银镜　③黑色大理石

施工要点 用湿贴的方式将仿洞石砖固定在墙上，完工后用勾缝剂填缝；固定实木收边线条；剩余墙面满刮三遍腻子，用砂纸打磨光滑，刷一层基膜，贴壁纸。

主要材料：①仿洞石砖　②壁纸

施工要点 用干挂的方式将深啡网纹大理石固定在墙上，用湿贴的方式固定踢脚线；剩余墙面满刮三遍腻子，用砂纸打磨光滑，刷一层基膜后贴壁纸。

主要材料：1 壁纸　2 安曼米黄大理石
　　　　　3 深啡网纹大理石

施工要点 用干挂的方式将选购的大理石固定在墙上；根据设计需求用木工板做出两侧对称造型，贴橡木饰面板后刷油漆；用粘贴固定的方式将银镜固定在干净的底板上。

主要材料：1 车边银镜　2 壁纸　3 世纪米黄大理石

吊顶上的菱形丰富了界面的层次感，交点的造型在灯光下呈现出光泽，搭配上精美的吊灯及家具，使空间充满高贵的皇室气息。

主要材料：1 银镜　2 米黄大理石

施工要点 用干挂的方式将米黄大理石收边线条固定在墙上；用木工板及石膏线条做出电视背景墙上的对称造型；整个墙面满刮三遍腻子，用砂纸打磨光滑，刷底漆、面漆；部分墙面刷一层基膜，贴壁纸。

主要材料：1 米黄大理石
　　　　　2 壁纸　3 银镜

施工要点

用湿贴的方式将仿古砖固定在墙上，完工后用勾缝剂填缝；用干挂的方式固定米黄大理石；剩余墙面用木工板打底，用粘贴固定的方式将银镜固定在底板上，完工后用硅酮密封胶密封。

主要材料：1 无纺布壁纸 2 仿古砖 3 银镜

施工要点 根据设计需求在电视背景墙上安装钢结构，用干挂的方式将西班牙米黄大理石与爵士白大理石固定在墙上，完工后对石材进行抛光、打蜡处理。

主要材料：1 壁纸 2 爵士白大理石 3 西班牙米黄大理石

施工要点 根据设计需求在墙上安装钢结构，用干挂的方式将西班牙米黄大理石固定在墙上；剩余墙面防潮处理后用木工板打底，用气钉及胶水将订购的软包固定在干净的底板上。

主要材料：1 西班牙米黄大理石 2 软包 3 壁纸

沙发背景墙铺满仿皮纹图案的壁纸，为金碧辉煌的空间带来了典雅端庄的气息，独特的皮革肌理演绎出别样的精彩。

主要材料：1 硬包 2 银镜 3 壁纸

 用木工板、硅酸钙板及石膏线条做出电视背景墙上的造型；部分墙面满刮三遍腻子，用砂纸打磨光滑，刷底漆、面漆；用气钉及胶水固定软包。

主要材料：1 壁纸　2 软包　3 仿木纹地砖

 电视背景墙面用水泥砂浆找平，根据设计需求在电视背景墙上安装钢结构，用干挂的方式固定沙安娜米黄大理石；剩余墙面用木工板打底，用粘贴固定的方式固定镜，完工后用硅酮密封胶密封。

主要材料：1 沙安娜米黄大理石　2 深啡网纹大理石　3 壁纸

 沙发背景墙面用水泥砂浆找平，用木工板及硅酸钙板做出墙上造型；墙面满刮三遍腻子，用砂纸打磨光滑，刷底漆、面漆，部分墙面刷一层基膜，贴壁纸；用粘贴固定的方式将银镜固定在底板上。

主要材料：1 软包　2 壁纸　3 银镜

 电视背景墙面用水泥砂浆找平，用大理石胶将大理石固定在墙上，完工后对石材进行抛光、打蜡处理；剩余墙面防潮处理后用木工板打底，用托压固定的方式将银镜固定在底板上，最后安装收边线条。

主要材料：1 银镜　2 壁纸　3 木纹洞石

施工
要点

用湿贴的方式将仿木纹砖固定在墙上,完工后用勾缝剂填缝;剩余墙面防潮处理后用木工板打底,用托压固定的方式将茶镜固定在底板上,完工后用硅酮密封胶密封。

主要材料:1 仿木纹砖
2 茶镜
3 复合实木地板

淡蓝色的软包在灯光照射下呈现出柔和和细腻感,搭配上精美的家具,使空间显得简洁明快又不失古典格调。

主要材料:1 软包　2 茶镜
3 米黄大理石

电视背景墙面用水泥砂浆找平,用干挂的方式固定爵士白大理石;镜子基层用木工板打底,用粘贴固定的方式固定,最后固定通花板。

主要材料:1 壁纸　2 玻化砖　3 爵士白大理石

用干挂的方式将西班牙米黄大理石固定在墙上,完工后对石材进行养护;镜子基层用木工板打底,剩余墙面满刮三遍腻子,用砂纸打磨光滑,刷一层基膜,贴壁纸;用粘贴固定的方式固定镜子。

主要材料:1 西班牙米黄大理石　2 壁纸　3 软包

沙发背景墙大面积采用大理石铺设，米黄色与白色的搭配使空间显得气派华丽；银镜的点缀更增强了界面的光泽度和亮度。

主要材料：1 米黄大理石　2 玉石　3 银镜

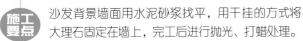
施工要点 沙发背景墙面用水泥砂浆找平，用干挂的方式将大理石固定在墙上，完工后进行抛光、打蜡处理。

主要材料：1 安曼米黄大理石　2 黑金沙大理石　3 橙皮红大理石

施工要点 按照设计图纸在电视背景墙上安装钢结构，用干挂的方式将大理石固定在墙上，完工后对石材进行抛光、打蜡处理。

主要材料：1 安曼米黄大理石　2 浅咖网纹大理石

施工要点

电视背景墙面用水泥砂浆找平，用干挂的方式固定西班牙米黄大理石；剩余墙面用木工板打底，用粘贴固定的方式固定银镜，完工后用硅酮密封胶密封。

主要材料：1 西班牙米黄大理石　2 壁纸　3 银镜

 施工要点 用木工板及硅酸钙板做出电视背景墙上的造型。部分墙面满刮三遍腻子，用砂纸打磨光滑，贴壁纸前刷一层基膜。用粘贴固定的方式将金镜固定在底板上，完工后用硅酮密封胶密封。

主要材料：1壁纸　2金镜　3紫罗红大理石

 施工要点 用湿贴的方式将大理石斜拼固定在墙上，并安装实木线条；剩余墙面满刮三遍腻子，用砂纸打磨光滑，刷一层基膜，贴壁纸。

主要材料：1壁纸　2雨林棕大理石 3深啡网纹大理石

 施工要点 用点挂的方式将大理石固定在墙上；剩余墙面防潮处理后用木工板打底，用粘贴固定的方式将银镜固定在底板上，完工后用硅酮密封胶密封。

主要材料：1米黄大理石 2银镜　3壁纸

暖色为主调的空间里，不同材质通过肌理的变化丰富了空间的装饰；白色软包的块状设计，为空间增添温馨感的同时也赋予了空间独特的个性。

主要材料：1壁纸　2软包 3仿古砖

施工要点

沙发背景墙面用水泥砂浆找平，用点挂的方式将大理石固定在墙上；剩余墙面满刮三遍腻子，用砂纸打磨光滑，刷一层基膜后贴壁纸。

主要材料：①浅啡网纹大理石
②壁纸
③世纪金花大理石

沙发背景墙上的壁炉造型及大面积石材的运用奠定了空间的欧式格调；暖色印花壁纸搭配复古家具让空间更显浪漫。

主要材料：①壁纸　②米黄大理石

施工要点

电视背景墙面用水泥砂浆找平，用干挂的方式固定米黄大理石；剩余墙面满刮三遍腻子，用砂纸打磨光滑，刷一层基膜，贴壁纸。

主要材料：①沙比利饰面板
②壁纸
③安曼米黄大理石

设计师很好地利用了层高的优势，使客厅空间大气时尚；精美的吊灯映射在墙面两侧的黑镜上，彰显空间的无穷变化。

主要材料：①安曼米黄大理石　②金箔壁纸　③深咖网纹大理石

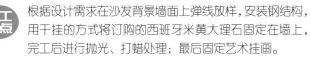

施工要点 根据设计需求在沙发背景墙面上弹线放样，安装钢结构，用干挂的方式将订购的西班牙米黄大理石固定在墙上，完工后进行抛光、打蜡处理；最后固定艺术挂画。

主要材料：①西班牙米黄大理石　②浅咖网纹大理石

施工要点 电视背景墙面用水泥砂浆找平，用干挂的方式将沙安娜米黄大理石固定在墙上；剩余墙面满刮三遍腻子，用砂纸打磨光滑，刷一层基膜，贴壁纸。

主要材料：①壁纸　②沙安娜米黄大理石

施工要点

沙发背景墙面用水泥砂浆找平，用湿贴的方式将西班牙米黄大理石固定在墙上；用木工板及石膏线条做出两侧对称造型，墙面满刮三遍腻子，用砂纸打磨光滑，刷底漆、面漆，部分墙面刷一层基膜后贴壁纸。

主要材料：①西班牙米黄大理石　②壁纸

沙发背景墙面用水泥砂浆找平，用干挂的方式将安曼米黄大石固定在墙上，完工后对石材进行养护；剩余墙面用木工板打底，用粘贴固定的方式将金镜固定在底板上，完工后用硅酮密封胶密封。

主要材料：1大理石拼花　2金镜

电视背景墙面用水泥砂浆找平，用干挂的方式用米黄大理石固定在墙上，完工后对石材进行养护；剩余墙面满刮三遍腻子，用砂纸打磨光滑，刷一层基膜，贴壁纸。

主要材料：1米黄大理石　2壁纸

电视背景墙面用水泥砂浆找平，按照设计图纸在墙上安装钢结构，用干挂的方式将大理石固定在墙上，完工后对石材进行养护。

主要材料：1安曼米黄大理石　2壁纸

地面上菱形的地面拼花彰显出空间的时尚个性；大面积米黄石材的运用搭配精美的欧式家具，营造出清新自然的欧式空间。

主要材料：1壁纸　2米黄大理石

施工要点

电视背景墙面用水泥砂浆找平，用点挂的方式将爵士白大理石固定在墙上。剩余墙面用木工板打底，部分墙面贴橡木饰面板后刷油漆；用粘贴固定的方式将灰镜固定在剩余底板上。

主要材料：①爵士白大理石 ②灰镜 ③橡木饰面板

施工要点

电视背景墙面用水泥砂浆找平，按照设计图纸在墙上安装钢结构，用干挂的方式将大理石固定在墙上，完工后对石材进行抛光、打蜡处理。

主要材料：①老木纹大理石 ②米黄大理石

施工要点

电视背景墙面用水泥砂浆找平，用干挂及湿贴的方式将订购的大理石和仿古砖固定在墙上，完工后对石材进行抛光、打蜡处理。

主要材料：①西班牙米黄大理石 ②仿古砖

施工要点

沙发背景墙面用水泥砂浆找平，用干挂的方式将西班牙米黄大理石固定在墙上；剩余墙面满刮三遍腻子，用砂纸打磨光滑，刷一层基膜，贴壁纸。

主要材料：①壁纸 ②西班牙米黄大理石

施工要点 用干挂的方式将安曼米黄大理石及浅啡网纹大理石固定在墙上，完工后对石材进行抛光、打蜡处理。

主要材料：1浅啡网纹大理石　2安曼米黄大理石　3金镜

米黄大理石与同色调的软包装饰一起营造出华丽大方的居室氛围；精致的古典家具，更赋予了空间复古的雅韵。

主要材料：1硬包　2安曼米黄大理石　3深啡网纹大理石

施工要点 电视背景墙面用水泥砂浆找平，用干挂的方式固定砂岩及埃及米黄大理石；剩余墙面满刮三遍腻子，用砂纸打磨光滑，刷一层基膜，贴壁纸。

主要材料：1壁纸　2砂岩　3埃及米黄大理石

施工要点 沙发背景墙面用水泥砂浆找平，根据设计需求在墙上安装钢结构，用干挂的方式将埃及米黄大理石固定在钢结构上，完工后对石材进行抛光、打蜡处理。

主要材料：1埃及米黄大理石　2硬包

格子吊顶下，简洁的金属仿古灯优雅大方，让暖黄色为主调的客厅显得清爽静谧。

主要材料：1 白色乳胶漆
2 复合实木地板

施工要点 电视背景墙面用水泥砂浆找平，整个墙面满刮三遍腻子，用砂纸打磨光滑，刷一层基膜，用环保白乳胶配合专业壁纸粉将壁纸固定在墙面上，最后安装实木踢脚线。

主要材料：1 亚光砖 2 壁纸

施工要点 电视背景墙面用水泥砂浆找平，用石胶将米黄大理石固定在墙上，完工后用勾缝剂填缝；用木工板及石膏线条做出对称造型，墙面满刮腻子，用砂纸打磨光滑，刷底漆、面漆；部分墙面刷一层基膜后贴壁纸，用气钉及胶水固定软包。

主要材料：1 壁纸 2 软包 3 米黄大理石

施工要点 用干挂的方式将大理石固定在电视背景墙上；剩余墙面防潮处理后用木工板打底，用粘贴固定的方式将黑镜固定在底板上，完工后用硅酮密封胶密封。

主要材料：1 黑镜 2 壁纸
3 黑白根大理石

施工要点 用点挂的方式固定西班牙米黄大理石；完工后对石材进行养护；剩余墙面用木工板打底，用气钉将长城板固定在底板上。

主要材料：①西班牙米黄大理石 ②壁纸 ③长城板

精致秀美的拼花大理石别具风情，绚丽的手工地毯与华丽的吊灯交相辉映，空间演绎出高贵华丽的气息。金镜的运用给空间带来丰富的光影效果。

主要材料：①壁纸 ②仿古砖 ③金镜

施工要点 用湿贴的方式固定西班牙米黄大理石；剩余墙面用木工板打底并做出对称造型，线条贴胡桃木饰面板，刷油漆；用气钉及胶水固定软包。

主要材料：①西班牙米黄大理石 ②软包 ③胡桃木饰面板

常见的卷草纹设计奠定了空间的古典欧式风格；别出心裁之处在于采用银镜装饰电视背景墙，其丰富了视觉空间，使客厅尽显浪漫风情。

主要材料：1 壁纸　2 安曼米黄人理石　3 银镜

 施工要点

用干挂的方式将订购的玉石固定在墙上；镜子基层用木工板打底，安装实木线条；剩余墙面满刮三遍腻子，用砂纸打磨光滑，刷底漆、面漆；用粘贴固定的方式将银镜固定在底板上。

主要材料：1 玉石　2 银镜　3 金箔壁纸

 施工要点

沙发背景墙面用水泥砂浆找平，镜子基层用木工板打底，安装实木线条；剩余墙面满刮三遍腻子，用砂纸打磨光滑，刷底漆、面漆；部分墙面刷一层基膜后贴壁纸；用粘贴固定的方式固定银镜，完工后用硅酮密封胶密封。

主要材料：1 银镜　2 壁纸　3 爵士白大理石

 施工要点

用点挂的方式将安曼米黄大理石固定在墙上，完工后进行抛光、打蜡处理；剩余墙面防潮处理后用木工板打底，用粘贴固定的方式将银镜固定在底板上。

主要材料：1 安曼米黄大理石　2 壁纸　3 银镜

施工要点

电视背景墙面用水泥砂浆找平，根据设计需求在墙面上弹线放样，用湿贴的方式将大理石固定在墙上，完工后对石材进行抛光、打蜡处理。

主要材料：1 金丝米黄大理石
②亚光砖

施工要点

电视背景墙用水泥砂浆找平，用干挂的方式固定西班牙米黄大理石；剩余墙面满刮三遍腻子，用砂纸打磨光滑，刷一层基膜，贴壁纸。

主要材料：1 西班牙米黄大理石　2 壁纸
③深咖网纹大理石

施工要点

电视背景墙面用水泥砂浆找平，用点挂的方式将大理石固定在墙上；剩余墙面防潮处理后用木工板打底，用粘贴固定的方式将银镜固定在底板上，最后固定通花板。

主要材料：1 西班牙米黄大理石　2 浅咖网纹大理石
③通花板

黑白色调的空间中，设计师在吊顶设计中下功夫。黑镜装饰在拉伸视觉高度的同时，丰富了空间的材质语言。

主要材料：1 黑镜　2 软包　3 壁纸

施工要点

用木工板及硅酸钙板做出电视背景墙上的造型。墙面满刮三遍妮子，用砂纸打磨光滑，刷底漆、有色面漆。最后安装实木踢脚线。

主要材料：①仿古砖　②马赛克　③壁纸

白色软包作为基材统一了电视背景墙的设计；两侧的灰镜装饰增加时尚感，沙发背景的壁纸给客厅带来了自然的气息。

主要材料：①软包　②灰镜　③壁纸

施工要点

用湿贴的方式将安曼米黄大理石斜拼固定在墙上；用木工板及硅酸钙板做出墙面两侧对称造型，墙面满刮三遍腻子，用砂纸打磨光滑，刷底漆、面漆；用粘贴固定的方式将银镜固定在底板上。

主要材料：①安曼米黄大理石　②银镜　③玻化砖

施工要点

用木工板、硅酸钙板及石膏线条做出电视背景墙上的造型。整个墙面满刮三遍腻子，用砂纸打磨光滑，刷底漆、面漆。部分墙面刷一层基膜后贴壁纸。

主要材料：①壁纸　②实木线条

73

施工要点 用木工板及石膏线条做出电视背景墙上的造型。整个墙面满刮三遍腻子，用砂纸打磨光滑，刷底漆、面漆。部分墙面刷一层基膜，贴壁纸。

主要材料：1 玻化砖　2 壁纸　3 深咖网纹大理石

施工要点 用点挂的方式将大理石固定在电视背景墙上，完工后对石材进行养护；剩余墙面防潮处理后用木工板打底，用粘贴固定的方式将银镜固定在底板上，最后用硅酮密封胶密封。

主要材料：1 米黄大理石　2 银镜　3 壁纸

施工要点 用木工板做出电视背景墙的展示柜造型，贴沙比利饰面板后刷油漆；剩余墙面满刮三遍腻子，用砂纸打磨光滑，刷一层基膜，用环保白乳胶配合专业壁纸粉将壁纸固定在墙面上。

主要材料：1 壁纸　2 沙比利饰面板　3 实木地板

黄灰色的壁纸大面积装饰墙面搭配米黄大理石的地面，打造出怀旧温馨的气氛；精美的碎花布艺家具给空间增添了生动感。

主要材料：1 壁纸　2 玻化砖

沙发背景墙材质多变混搭，融合了浅色的印花壁纸、银镜及不锈钢收边线条，打造出现代典雅风格的客厅空间。

主要材料：1软包　2安曼米黄大理石　3银镜

施工要点　根据设计需求将墙砌成凹凸造型，用湿贴的方式将文化石固定在墙上；剩余墙面满刮三遍腻子，用砂纸打磨光滑，刷底漆、有色面漆。

主要材料：1文化石　2仿古砖　3钢化玻璃

施工要点　用湿贴的方式将文化石固定在墙上，剩余墙面满刮三遍腻子，用砂纸打磨光滑，刷底漆、有色面漆，面漆需色卡选样，电脑调色；最后安装实木踢脚线。

主要材料：1仿古砖　2文化石　3实木角线

施工要点　电视背景墙面用水泥砂浆找平，整个墙面满刮三遍腻子，用砂纸打磨光滑，刷底漆，固定成品实木线条，刷有色面漆；最后安装实木踢脚线。

主要材料：1有色乳胶漆　2仿古砖　3实木线条

运用暖黄色的印花壁纸大面积装饰墙面，搭配暖色系的硬包，使空间既简洁美观又富有生动感。

主要材料：1壁纸　2硬包
　　　　　3玻化砖

施工要点

电视背景墙面用水泥砂浆找平，用湿贴的方式固定橙皮红大理石；用干挂的方式固定爵士白大理石；完工后对石材进行养护。

主要材料：1橙皮红大理石
　　　　　2爵士白大理石
　　　　　3壁纸

施工要点

用湿贴的方式固定爵士白大理石，剩余石材用干挂的方式固定，完工后对石材进行抛光、打蜡处理。

主要材料：1壁纸　2爵士白大理石
　　　　　3帝王金大理石

施工要点

用湿贴的方式将仿木纹砖固定在墙上，完工后用勾缝剂填缝；用点挂的方式固定浅咖网纹大理石收边线条；剩余墙面用木工板打底，用粘贴固定的方式将茶镜固定在底板上。

主要材料：1茶镜　2壁纸　3仿木纹砖

施工要点

用湿贴及干挂的方式固定大理石，完工后对石材进行养护；剩余墙面用木工板打底，用粘贴固定的方式固定金镜；用气钉及胶水将定制的硬包分块固定在剩余底板上。

主要材料：1 橘皮红大理石　　2 金镜

施工要点

用干挂的方式将沙安娜米黄大理石固定在墙上；剩余墙面防潮处理后用木工板打底，用粘贴固定的方式固定银镜，完工后用硅酮密封胶密封。

主要材料：1 沙安娜米黄大理石　　2 银镜　　3 无纺布壁纸

施工要点

用点挂的方式固定爵士白大理石收边线条；剩余墙面用木工板打底并做出两侧对称造型；部分墙面满刮腻子，刷底漆、面漆；用胶水及气钉将定制的硬包固定在剩余底板上。

主要材料：1 硬包　　2 壁纸　　3 实木线条刷白漆

米黄大理石成为打造客厅墙面造型的主要材质，搭配上灰镜装饰，把现代欧式的时尚感展现得淋漓尽致。

主要材料：1 壁纸　　2 安曼米黄大理石　　3 灰镜

施工要点

用干挂的方式将定制的大理石固定在墙上，完工后对石材进行抛光、打蜡处理；剩余墙面防潮处理后用木工板打底，用气钉及胶水将硬包固定在底板上；用粘贴固定的方式将银镜固定在剩余底板上。

主要材料：1 世纪金花大理石　2 硬包　3 银镜

施工要点

沙发背景墙面用水泥砂浆找平，用湿贴的方式固定大理石踢脚线，用木工板做出造型，贴泰柚饰面板后刷油漆；剩余墙面满刮三遍腻子，用砂纸打磨光滑，刷一层基膜，贴壁纸。

主要材料：1 壁纸　2 泰柚饰面板

大块面的米黄大理石装饰电视背景墙，搭配两侧的罗马柱，彰显出空间浓郁的贵族式典雅。

主要材料：1 安曼米黄大理石　2 壁纸　3 硬包

施工要点

电视背景墙面用水泥砂浆找平，用干挂的方式将大理石固定在墙上；剩余墙面满刮三遍腻子，用砂纸打磨光滑，刷一层基膜，贴壁纸。

主要材料：1 米黄大理石　2 黑檀木饰面板　3 壁纸

红胡桃木饰面板与暖黄色印花壁纸的搭配，简洁、美观；精美的吊灯映衬出花朵的图案，展现欧式的典雅与柔美。

主要材料：1 壁纸 2 胡桃木饰面板 3 大理石拼花

 用干挂的方式将西班牙米黄大理石固定在电视背景墙上；剩余墙面满刮三遍腻子，用砂纸打磨光滑，刷一层基膜，用环保白乳胶配合专业壁纸粉将壁纸固定在墙上。

主要材料：1 西班牙米黄大理石 2 壁纸

 用木工板、硅酸钙板及实木线条做出电视背景墙上的造型。墙面满刮三遍腻子，用砂纸打磨光滑，刷底漆、面漆。部分墙面刷一层基膜后贴壁纸，最后将定制的硬包固定在底板上。

主要材料：1 实木线条 2 硬包

 按照设计图纸用木工板做出电视背景墙上的造型，贴橡木饰面板后刷油漆；剩余墙面满刮三遍腻子，用砂纸打磨光滑，刷一层基膜，贴壁纸；最后安装实木踢脚线。

主要材料：1 壁纸 2 橡木饰面板

施工要点

电视背景墙面用水泥砂浆找平，用点挂的方式固定米黄大理石，用湿贴的方式固定踢脚线；剩余墙面满刮三遍腻子，用砂纸打磨光滑，刷一层基膜，贴壁纸。

主要材料：1 米黄大理石　2 壁纸　3 深咖啡网纹大理石

灰色布艺沙发搭配精美的吊灯使客厅倍显清新、舒适；大面积灰镜的运用带来了丰富的视觉效果，增添空间的时尚感。

主要材料：1 灰镜　2 仿木纹砖　3 不锈钢

施工要点

沙发背景墙面用水泥砂浆找平，用干挂的方式固定米黄大理石，用木工板做出收边线条，贴斑马木饰面板后刷油漆；剩余墙面满刮三遍腻子，用砂纸打磨光滑，刷一层基膜，贴壁纸。

主要材料：1 斑马木饰面板　2 壁纸

施工要点

用点挂的方式固定安曼米黄大理石；用木工板做出两侧对称造型，贴水曲柳饰面板后刷油漆；剩余墙面满刮三遍腻子，用砂纸打磨光滑，刷一层基膜后贴壁纸。

主要材料：1 安曼米黄大理石　2 壁纸　3 水曲柳饰面板

施工要点

按照设计图纸在墙面上弹线放样，用木工板做出电视背景墙上的造型，贴橡木饰面板后刷油漆；剩余墙面满刮三遍腻子，用砂纸打磨光滑，刷一层基膜，贴壁纸。

主要材料：1壁纸　2橡木饰面板
　　　　　3世纪金花大理石

施工要点

电视背景墙面用水泥砂浆找平，用干挂的方式将订购的大理石固定在墙上，完工后对石材进行抛光、打蜡处理。

主要材料：1软包　2安曼米黄大理石
　　　　　3金箔壁纸

安曼米黄大理石搭配玉石装饰客厅电视背景，大气、时尚，与同色系的家具一起营造出成熟内敛的欧式客厅环境。

主要材料：1安曼米黄大理石　2壁纸
　　　　　3紫罗兰大理石

施工要点 电视背景墙面用水泥砂浆找平，根据设计需求在墙上安装钢结构，用干挂的方式将大理石固定在墙上，完工后对石材进行抛光、打蜡处理。

主要材料：①橘皮红大理石 ②壁纸 ③米黄大理石

施工要点 过道墙面用水泥砂浆找平，根据设计需求在墙上安装钢结构，用干挂的方式将西班牙米黄大理石固定在墙上，完工后对石材进行抛光、打蜡处理。

主要材料：①西班牙米黄大理石 ②浅啡网纹大理石

施工要点 沙发背景墙面用水泥砂浆找平，用点挂的方式将米黄大理石及雪花白大理石收边线条固定在墙上；剩余墙面满刮三遍腻子，用砂纸打磨光滑，刷一层基膜后贴壁纸。

主要材料：①米黄大理石 ②茶镜 ③壁纸

典雅现代的客厅，选用米黄大理石铺设电视背景墙和地面，保持材质的统一性；银镜装饰成为空间现代时尚的元素。

主要材料：①车边银镜 ②米黄大理石 ③壁纸

以大面积米黄大理石与同色系壁纸装饰挑高的沙发背景墙，给人时尚又高雅的感觉；精美的家具与吊灯展现精装豪宅的气质。

主要材料：①壁纸　②米黄大理石

施工要点

按照设计图纸在电视背景墙面上弹线放样，用干挂的方式固定西班牙米黄大理石；剩余墙面满刮三遍腻子，用砂纸打磨光滑，刷一层基膜后贴壁纸。

主要材料：①西班牙米黄大理石　②壁纸
　　　　　③世纪金花大理石

施工要点 用点挂的方式将大理石固定在墙上，完工后对石材进行抛光、打蜡处理；剩余墙面防潮处理后用木工板打底，用气钉及胶水将硬包固定在底板上；用粘贴固定的方式将银镜固定在剩余底板上，最后固定通花板。

主要材料：①米黄大理石　②银镜　③硬包

施工要点 用干挂的方式固定爵士白大理石收边线条；剩余墙面防潮处理后用木工板打底，用粘贴固定的方式将银镜固定在底板上，完工后用硅酮密封胶密封；用气钉及胶水将定制的软包分块固定在剩余底板上。

主要材料：①软包　②爵士白大理石　③银镜

厚重的仿皮纹砖与黑镜在电视背景墙上形成质感对比，展现出欧式古典的优雅。

主要材料：①仿皮纹砖 ②黑镜 ③金箔壁纸

施工要点

用白水泥将马赛克固定在电视背景矮台上，完工后用勾缝剂填缝；部分墙面用白色水泥漆饰面，剩余墙面满刮三遍腻子，用砂纸打磨光滑，刷底漆、有色面漆。

主要材料：①仿古砖 ②马赛克 ③有色乳胶漆

施工要点

按照设计图纸在墙上安装钢结构，用干挂的方式将安曼米黄大理石固定在墙上，完工后进行抛光、打蜡处理；剩余墙面用木工板打底，用粘贴固定的方式固定银镜，最后固定通花板。

主要材料：①安曼米黄大理石 ②壁纸

施工要点

用点挂的方式固定大理石，完工后对石材进行养护；剩余墙面防潮处理后用木工板打底，用气钉将长城板固定在底板上；用粘贴固定的方式将金镜固定在剩余底板上。

主要材料：①土耳其米黄大理石 ②金镜 ③长城板

施工要点

电视背景墙用水泥砂浆找平，用湿贴的方式将浅啡网大理石与爵士白大理石固定在墙上，用干挂的方式固定安曼米黄大理石；剩余墙面用木工板打底，部分墙面满刮腻子，刷底漆、面漆；用粘贴固定的方式固定银镜。

主要材料：①浅啡网纹大理石 ②壁纸

浅色的空间总是带给人淡雅的感觉，金色印花壁纸的大面积运用，赋予了空间华美大气感。

主要材料：①壁纸 ②马赛克 ③密度板雕花

施工要点

用木工板做出电视柜造型，贴水曲柳饰面板后刷油漆；剩余部分墙面用肌理漆饰面；其他墙面满刮三遍腻子，用砂纸打磨光滑，刷底漆、白色及有色面漆。

主要材料：①肌理漆 ②仿古砖 ③丙烯颜料图案

施工要点

用干挂的方式将大理石固定在墙上，完工后对石材进行养护；剩余墙面满刮三遍腻子，用砂纸打磨光滑，刷一层基膜，贴壁纸。

主要材料：①沙安娜米黄大理石 ②橡木饰面板 ③壁纸

施工要点

用湿贴的方式将米黄大理石斜拼固定在墙上，用干挂的方式固定剩余石材，完工后进行抛光、打蜡处理。

主要材料：①米黄大理石 ②浅咖网纹大理石

施工要点

用湿贴的方式将玉石固定在墙上，完工后对石材进行养护；剩余墙面用木工板做出造型，部分墙面满刮三遍腻子，用砂纸打磨光滑，刷底漆、面漆；用粘贴固定的方式将印花银镜固定在剩余底板上。

主要材料：①玉石 ②印花银镜

方中套圆的吊顶设计丰富了空间的造型语言，咖啡色软包搭配壁纸与银镜装饰电视背景墙，整个空间呈现出素雅的现代温馨感觉。

主要材料：①软包 ②壁纸 ③银镜

施工要点 电视背景墙面用水泥砂浆找平，根据设计需求在墙上安装钢结构，用干挂的方式将沙安娜米黄大理石固定在墙上，完工后对石材进行抛光、打蜡处理。

主要材料：1 沙安娜米黄大理石 2 浅啡网纹人理石

挑高的客厅空间加以安曼米黄大理石装饰，大气、典雅，搭配上精美的家具与吊灯，极具欧式典雅风范。

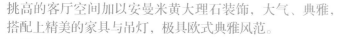

主要材料：1 安曼米黄大理石 2 壁纸 3 浅啡网纹人理石

施工要点 用湿贴的方式将玉石固定在墙上，用干挂的方式将安曼米黄大理石及浅啡网大理石固定在墙上，完工后对石材进行养护。

主要材料：1 玉石 2 砂岩 3 浅啡网纹人理石

施工要点 沙发背景墙面用水泥砂浆找平，用干挂的方式固定安曼米黄大理石及浅啡网纹大理石；剩余墙面防潮处理后用木工板打底，用粘贴固定的方式将银镜固定在底板上，完工后用硅酮密封胶密封。

主要材料：1 安曼米黄人理石 2 银镜 3 浅啡网纹大理石

施工要点

用干挂的方式将大理石固定在墙上，完工后进行石材养护；剩余墙面用木工板做出两侧对称造型，部分墙面满刮三遍腻子，用砂纸打磨光滑，刷底漆、面漆；剩余墙面刷一层基膜后贴壁纸。

主要材料：1 安曼米黄大理石
2 壁纸 3 通花板

设计师运用吊顶的造型区分过道与客厅区域；米黄大理石与银镜的运用，给欧式空间带来时尚温馨感。

主要材料：1 米黄大理石
2 壁纸
3 银镜

用干挂的方式将玉石及安曼米黄大理石固定在墙上，完工后对石材进行抛光、打蜡处理。

主要材料：1 壁纸 2 玉石 3 安曼米黄大理石

电视背景矮墙用水泥砂浆找平，用干挂的方式将大理石固定在墙上，完工后进行抛光、打蜡处理。

主要材料：1 黑金沙大理石 2 老木纹大理石